BEI GRIN MACHT SICH IHR WISSEN BEZAHLT

- Wir veröffentlichen Ihre Hausarbeit, Bachelor- und Masterarbeit

- Ihr eigenes eBook und Buch - weltweit in allen wichtigen Shops

- Verdienen Sie an jedem Verkauf

Jetzt bei www.GRIN.com hochladen und kostenlos publizieren

Bibliografische Information der Deutschen Nationalbibliothek:

Die Deutsche Bibliothek verzeichnet diese Publikation in der Deutschen National-
bibliografie; detaillierte bibliografische Daten sind im Internet über http://dnb.d-
nb.de/ abrufbar.

Impressum:

Copyright © 2016 GRIN Verlag, Open Publishing GmbH
Druck und Bindung: Books on Demand GmbH, Norderstedt Germany
ISBN: 9783668271531

Dieses Buch bei GRIN:

http://www.grin.com/de/e-book/337790/file-utilities-zur-erstellung-eigener-wissen-
schaftlicher-auswerteprogramme

Uwe Sliwczuk

File Utilities zur Erstellung eigener wissenschaftlicher Auswerteprogramme

Original-Struktogramme aus UCONN, erstellt während seiner Postdoc-Anstellung

GRIN Verlag

File-Utilities

zur Erstellung eigener wissenschaftlicher Auswerteprogramme

Original-Struktogramme aus UCONN, erstellt während seiner Postdoc-Anstellung

von

Dr. Uwe Sliwczuk

Prolog

Viele Jungforscher insbesondere in der Physik sind damit beschäftigt, Messaufbauten zu konzipieren, um spezielle experimentelle Untersuchungen durchzuführen. Häufig haben sie den Vorteil, dass sie bereits bestehende Aufbauten und Messprogramme in ihren Arbeitsgruppen vorfinden. Wenn nicht, kann wertvolle Zeit verlorengehen, ein Konzept zur Aufnahme der gewünschten Daten zu erstellen und apparativ umzusetzen. Die apparative Ausstattung ist meistens schnell zusammengekauft. Was von Grund auf neu erstellt werden muss und in der Regel die meiste Zeit benötigt, ist die Koordination aller Komponenten.

Im Rahmen einer „Postdoc"-Tätigkeit an der „University of Connecticut (UCONN)" habe ich sehr erfolgreich einen Zwei-Photonen Messplatz konzipiert und aufgebaut. Herzstück des Messaufbaues war ein Computer, der sowohl die von mir zu erstellenden Mess- und Auswerteprogramm als auch die interaktive Ansteuerung der mechanischen Komponenten, die Speicherung der erhaltenen Daten etc. zu übernehmen hatte.

Es war eine große Herausforderung, mit dem Apple II – Computer als Herzstück der Messapparatur auskommen zu müssen. Technische Daten: CPU der Baureihe 6502 mit 1 MHz Taktfrequenz; Programmiersprache: BASIC; Hauptspeicher: 64 kB RAM; als Speichermedium fungierten zwei „Floppy-discs" mit 5 ¼" Durchmesser; der Monitor zeigte ein grünes Bild. Obwohl ich noch eine A/D-Wandlerkarte und eine CP/M-Erweiterung beisteuerte, war die Leistungsfähigkeit des Rechners für heutige Begriffe und für die zu lösende Aufgabe ausgesprochen mager. Viele Wissenschaftler hätten gar nicht erst mit der Arbeit begonnen. Andererseits ist eine Beschränkung der Möglichkeiten gleichzeitig von Vorteil insofern, als das im Vorfeld genauestens überlegt werden muss, was <u>wirklich</u> notwendig ist und was weggelassen werden kann. Konzentration auf das Wesentliche ist die Folge, was sich auch tatsächlich positiv ausgewirkt hat.

Die Erstellung des Messprogrammes stellte sich als Aspekt mit dem höchsten Zeitaufwand heraus. Das lag und liegt bis heute daran, dass selbst in einem relativ einfachen Programm unendlich viele Fehler aller Art, angefangen von einfachen Programmierfehlern bis hin zu gravierenden logischen Fehlern, auftauchen, die dann nach und nach ausgemerzt werden müssen. Viele kommen erst nach Jahren zum Vorschein.

Der geneigte Leser mag nun glauben, ein Struktogramm, das für ein derart veraltetes System erstellt wurde, sei in der heutigen, modernen Zeit mit unendlich leistungsfähigeren Computern und vorhandenen ausgefeilten Programmen überflüssig, jedenfalls zu nichts Aktuellem zu gebrauchen.

Diese Meinung teile ich nicht! Messaufbauten in der Physik sind noch immer und werden immer „fliegend" (d.h. nicht permanent und unveränderbar) bleiben; noch immer müssen für neue Anordnungen spezielle Programme geschrieben und sich auf das Wesentliche konzentriert werden. Ich behaupte sogar, aufgrund der äußerst leistungsfähigen Computer und der grenzenlosen Möglichkeiten, die diese Leistungsfähigkeit eröffnet, ist die Wahrscheinlichkeit, sich in der Konzeption eines Messaufbaues zu verlieren, viel höher.

Die Struktogramme für das <u>Messprogramm</u> sind separat unter dem Titel: „Zwei-Photonen-Spektroskopie - Anleitung zur Erstellung eines Messprogramms – Struktogramme" im GRIN-Verlag veröffentlicht worden. Das vorliegende Büchlein ist einerseits völlig unabhängig vom Inhalt des o.a. Werkes, andererseits resultiert es daraus und kann durchaus im Zusammenhang gelesen werden. Die Verbindung zwischen beiden Programmen besteht im Wesentlichen darin, dass das „Zwei-Photonen-Messprogramm" die detektierten Emissionen in dem Feld $Y(I)$ und die dazugehörige Energie im Feld $X(I)$ speichert, und die File-Utilities auf genau diese beiden Felder zugreifen.

Die nachfolgend gezeigten „Struktogramme" sind unabhängig von jeder Computersprache, auch wenn ich einige Basic-Anweisungen verwendet habe, und können für jede „Plattform" übernommen werden, egal ob die Sprache C++, Java, oder sogar Python lautet und auch egal, welches Betriebssystem verwendet wird. Für alle Anweisungen gibt es in allen Sprachen eine Entsprechung. Egal, ob Basic, PHP C++ oder Python: Eine Schleife bleibt eine Schleife und eine logische Abfrage eine eben solche.

Die File-Utilities sind hilfreich dort, wo keine geeignete Bibliothek vorhanden, zu teuer zu erwerben oder einfach nur nicht eingebunden werden kann. Außerdem demonstrieren sie mit einfachen Mitteln, wie ein „Fit", also die Anpassung einer theoretisch zu erwartenden Linie an eine real aufgenommene Spektrallinie, erfolgreich und einfach programmiert werden kann.

Ich wünsche viel Erfolg bei der Umsetzung!

Dr. U. Sliwczuk, im Juli 2016

File-Utilities

DEF FN F(I) (*used für Gauss-fit*)

DEF LOOP (*Parameter, DIM, string-definitions*)

MENU[6,1] = MAIN-MENU (*6 = # of strings to print; 1 = offset*)

Print message: MENU
SPACE TO CHANGE
RETURN TO SELECT
ESCAPE TO QUIT
M FOR MAIN MENU

Set pointer via parameter (---->) and select

PRINT MN$(1)…MN$(6)

V = 1 (----> (ONE FILE)
V = 2 (----> (TWO FILE)
V = 3 (----> (READ/WRITE)
V = 4 (----> (MATH-FKTN)
V = 5 (----> (GRAPHICS)
V = 6 (----> (OTHERS)

GET KEYPRESS; EVALUATE: SPACE, RETURN, ESCAPE, M

IF NOT: RETURN

'ON KEYPRESS GOSUB 1..6

(Erläuterung: X(I)= Energie, Y(I)=Intensität; NP= Zahl der Daten.)

SUBROUTINE1: ONE-FILE

GOSUB MENU[13,10]

> PRINT MN$(10)…MN$(22); SET ---->
>
> GET KEYPRESS; EVALUATE: SPACE,RETURN,ESCAPE,M
>
> IF NOT: RETURN

'ON V GOSUB ADD, MULT, EXP, LOG, LN, INT, DIFF, SMOOTH, LOW-LEV, HIGH-LEV, X-VALUE, 1/Y, RAMAN, TRANSPOSE

> **SUBROUTINE ADD**
> GET VA (*pos. or neg. value to add to Y-parameter*)
> Y(I) = Y(I) + VA (*I from 1 to NP*)

> **SUBROUTINE MULT**
> GET VA
> Y(I) = Y(I) * VA (*I from 1 to NP*)

> **SUBROUTINE EXP**
> PRINT "Exponentiate Y-file"
> Y(I) = EXP(Y(I)) (*I from 1 to NP*)

> **SUBROUTINE LOG**
> PRINT "Log-base 10"
> Y(I) = LOG(Y(I)) (*I from 1 to NP*)

SUBROUTINE LN

PRINT "Log base e"

Y(I) = LN(Y(I)) (*I from 1 to NP*)

SUBROUTINE INT

PRINT "Integrate whole file"

Y(I) = SUM((Y(I) + Y(I+1))/2*|X(I+1)-X(I)|) (*I from 1 to NP-1*)

X(I) = (X(I+1)+X(I))/2 (*I from 1 to NP-1*)

NP = NP -1

SUBROUTINE DIFF

PRINT "Differentiate whole file"

Y(I) = (Y(I+1) - Y(I))/(X(I+1)-X(I)) (*I from 1 to NP-1*)

X(I) = (X(I+1)+X(I))/2 (*I from 1 to NP-1*)

NP = NP -1

SUBROUTINE SMOOTH

Y(I) = (Y(I) – 1)+Y(I) + Y(I+1))/3 (*I = 2 to NP-1*)

Y(1) = (Y(1) + Y(2))/2:Y(NP) = (Y(NP – 1) + Y(NP))/2

SUBROUTINE LOW-LEV

GET VA

SET LOWEST LEVEL to VA. Y(I) = 'MAX[Y(I), VA] (*I from 1 to NP*)

SUBROUTINE HIGH-LEV

GET VA

SET HIGHEST LEVEL to VA. Y(I) = 'MIN[Y(I), VA] (*I from 1 to NP*)

SUBROUTINE X-VALUE

PRINT "Add value to X-axis"

GET VA

$X(I) = X(I) + VA$ (*I from 1 to NP*)

SUBROUTINE 1/Y

PRINT "Inverting Y-file"

$Y(I) = 1/Y(I)$ (*I from 1 to NP*)

SUBROUTINE RAMAN

PRINT "Laserenergy (nm), please"

GET VA; check if > 0

$X(I) = (1/VA -1/(X(I)))*1E7$ (*I from 1 to NP*)

$X\$ = $ "energy/cm^-1"

SUBROUTINE TRANSPOSE (*switch x-axis and y-axis*)

LOOP:) (*I from 1 to NP*)

TE = X(I)

X(I) = Y(I

Y(I) = TE

LOOP END

SUBROUTINE2: TWO-FILE

GOSUB MENU[10,25]

PRINT MN$(10)…MN$(22); SET "---->"

GET KEYPRESS; EVALUATE: SPACE,RETURN,ESCAPE,M

IF NOT: RETURN

'ON V GOSUB ADD1.+2., DIV1./2., AND1./2., SUB2.-1.;TRUNCATE,

ADDTWOFILE, COPY1.-2., EXCH, CREATE, ITER

SUBROUTINE ADD1.+2.

PRINT "+ or -?": GET VA$

IF VA$="+": Y(I)=Y(I) + Z(I) *(I = 1 to NP)*

IF VA$="-": Y(I)=Y(I) - Z(I) *(I = 1 to NP)*

SUBROUTINE DIV1./2.

PRINT "DIVIDE FILE 1./2. ---->1."

CHECK EQUAL LENGTH

Y(I) = Y(I)/Z(I)) *(I from 1 to NP)*

SUBROUTINE AND1./2.

PRINT "ANDIERE FILE 1. And 2."

YES	$Y(I) = LOG(Y(I))$	NO
$Y(I) = Z(I)$	*(I from 1 to NP)*	$Y(I)=0$

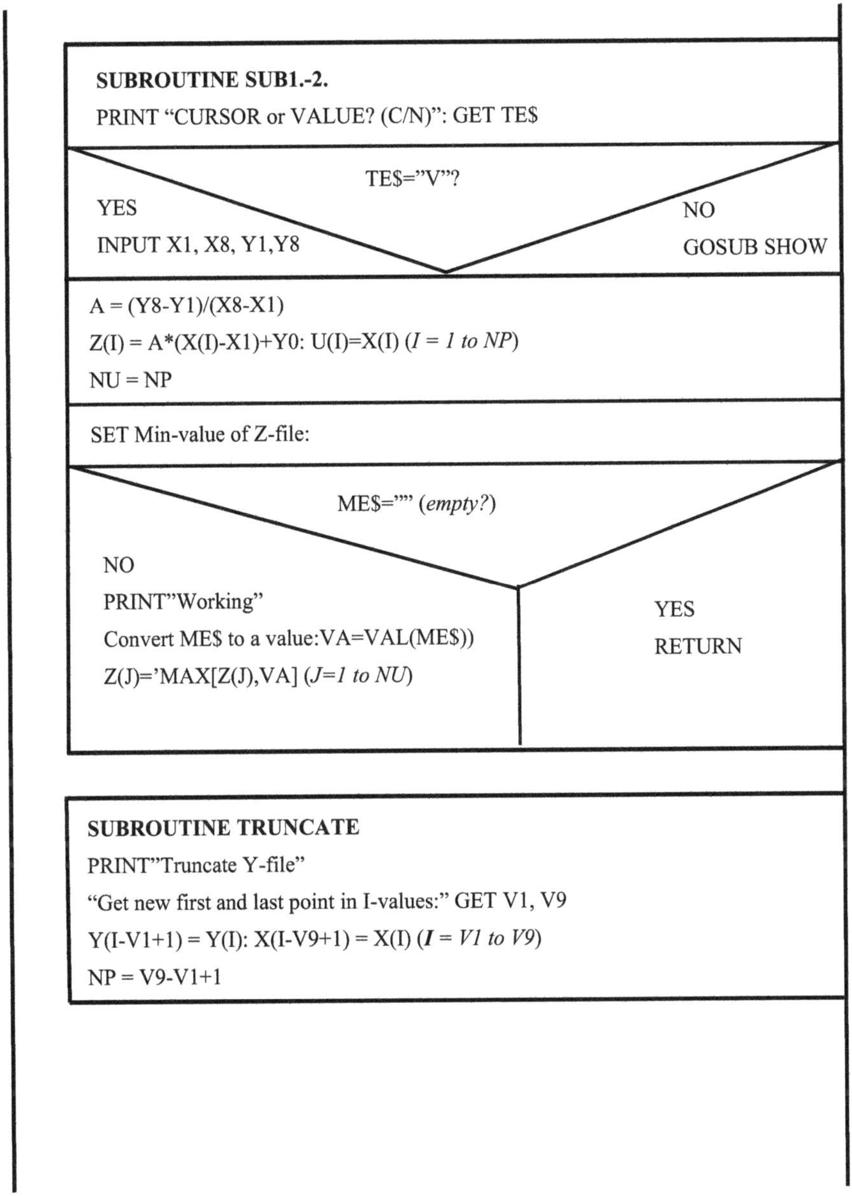

SUBROUTINE SUB1.-2.

PRINT "CURSOR or VALUE? (C/N)": GET TE$

TE$="V"?

YES

INPUT X1, X8, Y1,Y8

NO

GOSUB SHOW

$A = (Y8-Y1)/(X8-X1)$

$Z(I) = A*(X(I)-X1)+Y0: U(I)=X(I)$ (*I = 1 to NP*)

$NU = NP$

SET Min-value of Z-file:

ME$="" (*empty?*)

NO

PRINT"Working"

Convert ME$ to a value:VA=VAL(ME$))

$Z(J)='MAX[Z(J),VA]$ (*J=1 to NU*)

YES

RETURN

SUBROUTINE TRUNCATE

PRINT"Truncate Y-file"

"Get new first and last point in I-values:" GET V1, V9

$Y(I-V1+1) = Y(I): X(I-V9+1) = X(I)$ (***I = V1 to V9***)

$NP = V9-V1+1$

SUBROUTINE ADDTWOFILE

PRINT"Adding Y(I) + Z(I) ---> Y(I)"

Y(I) = Z(I-NP): X(I) = U(I-NP) (*I = NP+1 to NP+NU*)

NP = NP+NU

SUBROUTINE COPY1.-2.

PRINT"1.into 2. or vv (1/2)": GET VA

VA = 1	VA = 2
PRINT"Copying 1. --->2."	PRINT"Copying 2. --->1."
Z(I) = Y(I): U(I)=X(I) (*I = 1 to NP*)	Y(I) = Z(I): X(I)=U(I) (*I = 1 to NP*)
NU = NP	NP = NU

SUBROUTINE EXCH

Check for more values: NP >NU?

YES — J = NP

NO — J = NU

VX = X(I): VY = Y(I):X(I) = U(I):Y(I)= Z(I):U(I) = VX:Z(I) = VY

(*I = 1 to J*)

SUBROUTINE CREATE (input X-Y-pairs)

PRINT"# of pairs:"GET NU

PRINT"First U-value and increment: ":GET U(0), IN

U(0) = U(0)-IN

U(I) = U(I-1) + IN (*I = 1 to J*)

GET Z(I)

SUBROUTINE3: READ/WRITE

PRINT"READ: '1' into 1.-file
 	
               '2' into 2.-file
 	
               '3' part read in Y-file
 	
               '4' Write Y-file"
 	
GET A: Check if A is valid before continuing

ON A GOSUB READ1.READ2.,PREAD, WRITE1

SUBROUTINE READ1.
GOSUB READ 1

'DEF READ 1
 	
         Clear screen
 	
         Open Textfile
 	
         Read Textfile
 	
         RETURN

INPUT NP (*# of values*) NP=NP/2 (*# of pairs*) INPUT X(I): INPUT Y(I) (*I = 1 to NP*) GOSUB READ 2

'DEF READ 2 (*header*)
 	
         INPUT P(I) (*I = 1 to 20*)
 	
         INPUT A\$, B\$, C\$, E\$
 	
         Close Textfile

GOSUB PRINTPARA[NP] (PrintS all P(I) and …\$ to screen)
'GET

SUBROUTINE READ2.

GOSUB READ 1

INPUT NU (*# of values*)
NU=NU/2 (*# of pairs*)
INPUT U(I): INPUT Z(I) (*I = 1 to NU*)
GOSUB READ 2

SUBROUTINE ITER
PRINT"Expecting fit-file as Z-file, replacing Y-file"
WAIT 'TIL KEYPRESS
'GET

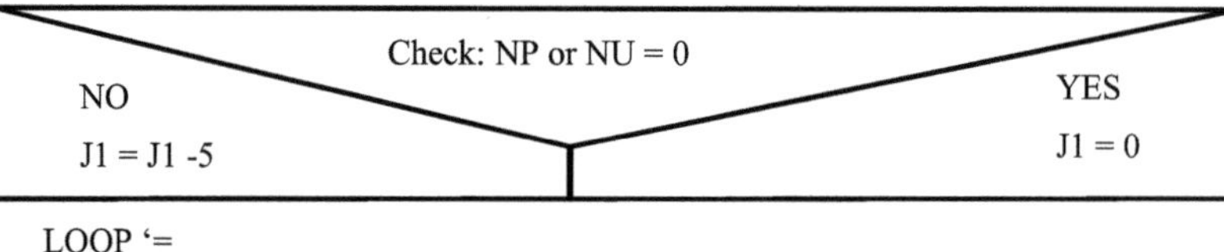

LOOP '=

J1 = J1 +1

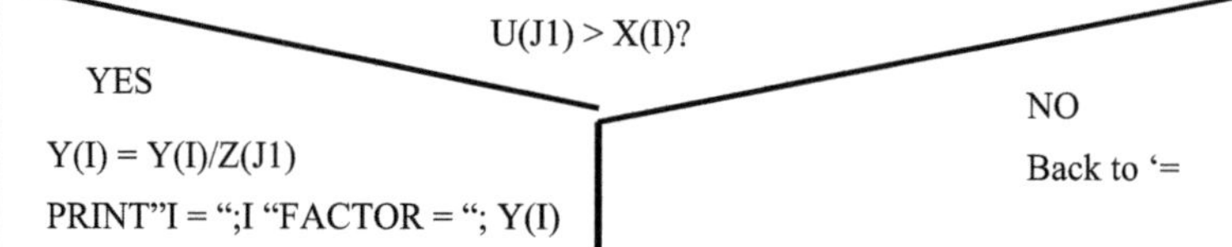

SUBROUTINE PREAD
PRINT"Increment, please": GET IN
J = 0
GOSUB READ 1

INPUT NP: NP=NP/2 (*# of pairs*)

INPUT VX: INPUT VY
J = J+1: X(J)=VX: Y(J)=VY (*Loop J = 0 to NP-1*)

NP = J

GOSUB READ 2

GOSUB PRINTPARA

SUBROUTINE WRITE1.

OPEN Textfile: WRITE Textfile

PRINT NP*2 (*# of values*)

PRINT X(I): PRINT Y(I) (*Loop: I = 1 to NP*)

PRINT A$, B$, C$, E$ (*header*) (*Loop: I = 1 to 20*)

Close Textfile

SUBROUTINE4: MATH-FKTN

GOSUB MENU[3,35]

PRINT MN$(10)…MN$(22); SET ---->

GET KEYPRESS; EVALUATE: SPACE, RETURN,ESCAPE,M

IF NOT: RETURN

'ON V GOSUB SUM, INTP, COM

SUBROUTINE SUM

VA = 0

VA = VA + Y(I) (*Loop: I = 1 to NP*)

PRINT "SUM = "; VA

'GET

SUBROUTINE INTP

PRINT"Integrate"

IN = 0

GOSUB SHOW (show data)

Get start-point (X2); end-point (X7)

IN = IN+(Y(I)+Y(I+1))/2*ABS(X(I+1)-X(I))) (*Loop: I = X2 to X7-1*)

SUBROUTINE COM (*Center of mass*)

V1 = 0:V2 = 0:VX = 0:VY = 0:V3 = 0

PRINT"Center of mass-calculation"

PRINT"Cursor or X-value (C/N)": A = GET

<table>
<tr><td colspan="2" align="center">A < 86?</td></tr>
<tr><td>No</td><td align="right">YES</td></tr>
<tr><td>INPUT "First & last point: ";X2,X7</td><td align="center">GOSUB SHOW</td></tr>
</table>

V1=V1+Y(I)*X(I) (*Loop: I = X2 to X7*)

V2=V"+X(I) (*Loop: I = X2 to X7*)

V3=V3+Y(I) (*Loop: I = X2 to X7*)

VY = V1/V2: VX = V1/V3

'PENUP: 'LINE[VX,Y0]: 'LINE[VX,Y9] (*draw a line at com*)

PRINT"X = ";VX; " Y= ";VY

'GET

SUBROUTINE5: GRAPHICS

LOOP: '=

GOSUB MENU[2,46]

PRINT MN$(10)…MN$(22); SET ---->

GET KEYPRESS; EVALUATE: SPACE,RETURN,ESCAPE,M

IF NOT: RETURN

'ON V GOSUB   SHOW

                      G-FIT

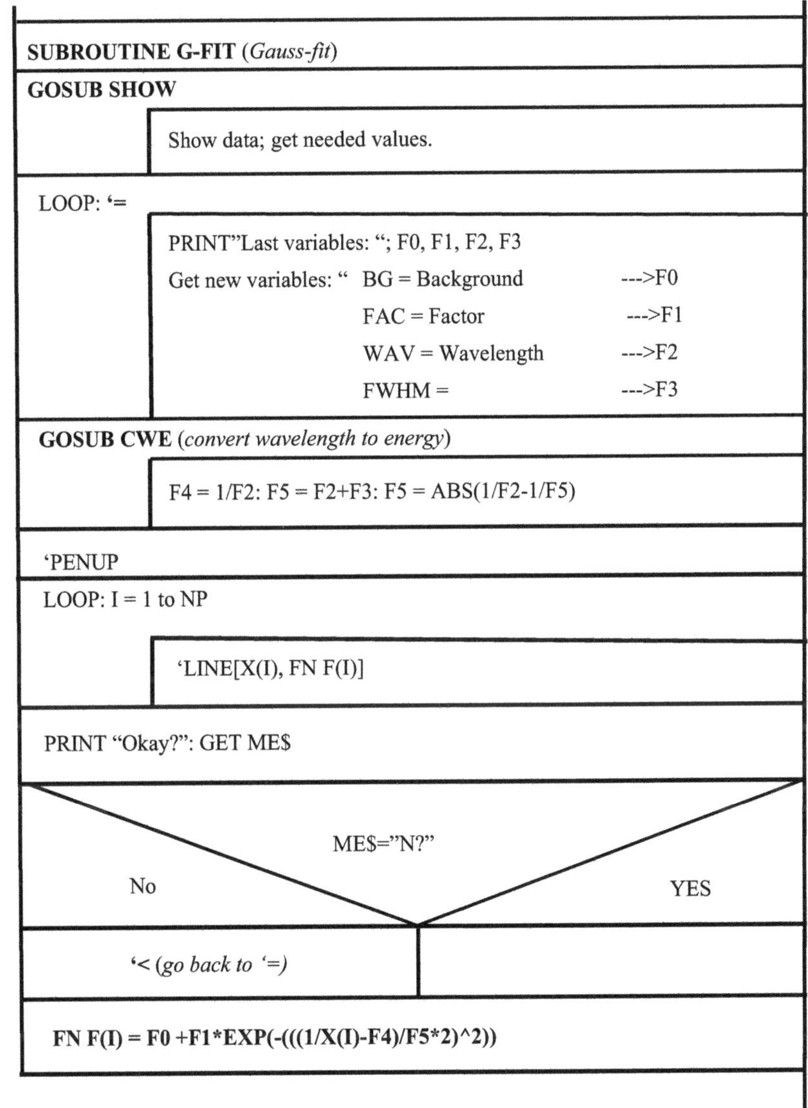

SUBROUTINE G-FIT (Gauss-fit)
GOSUB SHOW
Show data; get needed values.
LOOP: '=
PRINT"Last variables: "; F0, F1, F2, F3
Get new variables: "   BG = Background   --->F0
FAC = Factor   --->F1
WAV = Wavelength   --->F2
FWHM =   --->F3
GOSUB CWE (convert wavelength to energy)
F4 = 1/F2: F5 = F2+F3: F5 = ABS(1/F2-1/F5)
'PENUP
LOOP: I = 1 to NP
'LINE[X(I), FN F(I)]
PRINT "Okay?": GET ME$
ME$="N?"
No
YES
'< (go back to '=)
FN F(I) = F0 +F1*EXP(-(((1/X(I)-F4)/F5*2)^2))

SUBROUTINE6: OTHERS

LOOP: '=

GOSUB MENU[5,40]

> PRINT MN$(10)…MN$(22); SET ---->
>
> GET KEYPRESS; EVALUATE: SPACE,RETURN,ESCAPE,M
>
> IF NOT: RETURN

'ON V GOSUB   STATUS

                          PRINT,

                          DUDA

                          DUMP

                          PARA

SUBROUTINE STATUS

S1 = 1E20: S2 = -1E20: S3 = S1: S4 = S2: S5 = S1: S6 = S2: S7 = S1: S8 = S2

LOOP: I = 1 to NP

> S1 = 'MIN[Y(I),S1]: S2 = 'MAX[Y(I),S2]
>
> S3 = 'MIN[X(I),S3]: S4 = 'MAX[X(I),S4]

LOOP: I = 1 to NP

> S5 = 'MIN[Z(I),S5]: S6 = 'MAX[Z(I),S6]
>
> S7 = 'MIN[U(I),S7]: S8 = 'MAX[U(I),S8]

PRINT S1…S8

PRINT"POINTS"(1.): PRINZ"POINTS"(2.)

V = FRE(0): PRINT"BYTES FREE: ";V

'GET

SUBROUTINE PRINT

ADDRESS SLOT#1 (*Printer-card select*)

GOSUB PRINPARA[NP] (*NP = # of Y-file-pairs*)

> PRINT PARAMETER P(5)…P(15), P(1)…P(4) and P(16)

ADDRESS SLOT#0 (*Monitor*)

SUBROUTINE DUDA (*Dump data*)

ADDRESS SLOT#1 (*Printer-card select*)
LOOP: I = 1 to NP

> PRINT X(I), Y(I)

 ADDRESS SLOT#0 (*Monitor*)

SUBROUTINE DUMP (Hires-dump of page 1)

ADDRESS SLOT#1 (*Printer-card select*)
SELECT 80 C-MODE ON PRINTER

PRINT F$, A$, B$, C$, E$

SELECT CORRECT HIRES1-DUMP COMMAND & DUMP

ADDRESS SLOT#0 (*Monitor*)

SUBROUTINE PARA

LOOP: '=
GOSUB MASK

> PRINT PA$(I), I = 1 to 16

PRINT P(I), (*I = 1 to 16*) (correct position)

CHANGE – PROCEDURE for P(1) … P(16)

SUBROUTINE SHOW

YES Print"ERROR": Return	*NP = 0?*	NO

YES Input X-Y-values	*"Set non-default-values for y-x-axis?"*	NO find MIN-MAX from x-y-axis

GOSUB AXES[X0,X9,Y0,Y9,X$,Y$] (*plot x-y-axis to screen*)

Change color every point (3/7)

YES 'DOT[X(I),Y(I)]	*"Point valid?"* (*I = 1 to NP*)	NO

First point: (I=1 => X(I),Y(I))

YES SET CURSOR[X(I),Y(I)]	*"Point valid?"* (*I = 1 to NP*)	NO

'HOME: PRINT X(I), Y(I):GET KEYPRESS

"KEY = ?" GET

D	E	---->	<----	escape
GOSUB DUMP	'HOME: input new Y(I)-value	CI = CI + 1 if CI < NP	CI = CI - 1 if CI > NP	Return

Nachwort und kurze Anleitung zum Gebrauch

Dieses Skript habe ich zum Ende meiner Postdoc-Zeit erstellt, um den Doktoranden und wissenschaftlichen Mitarbeitern, die an den Mess- und Auswerteprogrammen Veränderungen vornehmen müssen, um es an ihre individuellen Bedürfnisse anzupassen, eine Idee davon zu geben, wie das Programm aufgebaut ist und wie ich meine Ideen umgesetzt habe. Denn nichts ist selbst für den Programmierer schwieriger, als sich nach Monaten oder gar Jahren erinnern zu müssen, warum er irgendetwas so und nicht anders programmiert hat. Für Uneingeweihte ist so ein komplexes Programm gänzlich unverständlich und in der Regel besser selber neu zu programmieren. Da eine vollständige Dokumentation aller Programmzeile alleine schon aus Zeitgründen ausfiel, erstellte ich das nachfolgende Struktogramm. Es stellt eine bunte Mischung aus „Struktur, Programmteilen und logischem Aufbau dar".

Was soll ich sagen? Es hat seinen Zweck erfüllt. Noch 10 Jahre nachdem ich meinen Postdoc-Vertrag erfüllt hatte und längst wieder zurück in Deutschland war, bin ich als Co-Autor auf einigen Veröffentlichungen genannt worden, weil die Messapparatur – individuell modifiziert, aber im Wesentlichen gleich – immer wieder verwendet werden konnte und wurde!

Daher soll (und kann) das Nachfolgende nicht „Eins zu Eins" für die Programmierung eines eigenen Auswerteprogramms übernommen werden. Vielmehr soll es eine Idee liefern, wie ein solches aussehen bzw. strukturell aufgebaut werden könnte.

Hinweise: Überwiegend habe ich keine „LOOPs", also Schleifenanweisungen, direkt gekennzeichnet, es sei denn, ich meinte, ohne explizite Erwähnung könnte ich missverstanden werden. Immer dann, wenn z.B. ein „*I = 1 to NP*" auftaucht, ist das Durchlaufen des Parameters „I" von 1, 2, 3 … bis zur Zahl „NP" gefordert, der Befehl also „NP-mal" zu wiederholen mit verändertem „I".

Direkte „Befehle", z.B. PRINT, GET usw….", habe ich versucht, durchgängig in Großschrift hervorzuheben. Reine Kommentare sind dagegen *kursiv* dargestellt

Die **Funktion FN(I)** sowie Verweise auf **SUBROUTINES** sollten GROß und **fett** gedruckt sein. Gewünschte Funktionen der Routinen sind selbsterläuternd.

Wer meint, der Autor eines solchen Skriptes hätte einen „Hau" sollte unbedingt das Buch: **„Querzeit"** des Autoren Uwe R. Frank lesen, erschienen im GRIN-Verlag und in jedem Buchhandel erhältlich.